Susan's
patchworks

Susan's patchworks

Susan's patchworks

Susan's patchworks

Susan`s patchworks

秀惠老師の
質感好色手縫拼布包

手作，為人生調出最棒的色彩。

　　這是我的第9本書，因書迷們的喜愛，讓我更有動力創作，感謝你們。

　　這本書與以往的著作有大大的不同，簡單的配色，加入一些些刺繡元素，能讓主題更加突顯，不需要太過華麗的設計，也不需製造花俏，美的因子就能隨之發酵，溫馨滿室。

　　時常有學生問我，配色的原理是什麼？就我的看法，只要你認為那個顏色與那個顏色放在一起沒有違和感，就行！

　　有時，當我們試著運用一片布，布本身就是一幅畫，若我們能將這畫延伸，創作出更多不一樣的佳作，我想這是一件令人高興之事。

　　接觸拼布22年，活到這年紀，現在的我認知到，不需為了迎合別人的喜好，或某些事，而作一些令自己不快樂或不舒服的事。作拼布是能讓自己快樂的事，那麼我會一直快樂下去，期待你與我一樣，能跟拼布作一輩子的好友，與拼布共同溫暖你我的心！

　　「作自己喜歡的，喜歡自己作的。」

周亦惠

Contents

Chapter 1
手作，
是日常最美好的調色盤。

作者序

手作，為人生調出最棒的色彩。

Color your life

Chapter 2
與針線相伴的美好時光
Susan`special skills

★隨書附贈兩大張紙型

Color your life

Chapter
1

手作，
是日常最美好的調色盤。

Patchwork bag

01

幸福環遊

我想和你，
搭上愛之船遊輪，
環遊世界各地美景，
收集所有幸福的事。

愛之船提袋
How to make /
作法→P.70至P.77
紙型B面

8

包包背面的微笑曲線，
是口袋設計的可愛小巧思。

以袋面布花展現別緻氣質，
袋身壓線則巧妙呈現袋物的立體感。

愛之船化妝盒

How to make /
作法→P.82至P.83
紙型B面

尺寸適中的布盒，
最適合放置居家小物品，
是收納時的好幫手。

以鋸齒剪刀剪成小布片，
再一一鋪上疊成表布，
是我第一次嘗試的全新創意。

Patchwork bag

02

自在頻率

人與人之間，
有種奇妙的頻率，
稱之緣份。
心若找到自在的頻率，
便能相聚，聚成圓滿。

緣提袋
How to make /
作法→P.84至P.86
紙型B面

在袋面裝飾上喜歡的三花瓣，
別有一番浪漫風情。

袋物背面的口袋設計，
增添手作小物的實用度。

緣化妝包
How to make /
作法→P.87
紙型B面

使用漸層色彩的繡線，搭配羽毛繡裝飾袋面，
呈現作品重點的「圓」呼應作品的主題「緣」。

鬱金香提袋

How to make /
作法→P.88 至 P.89
紙型C面

03

花 的 告 白

在粉紅天空下，
盛開的鬱金香，
花語是愛的表白，
將這份美好的心意，
致贈給最親愛的你。

鬱金香小盒
How to make /
作法→P.90至P.91
紙型C面

將花瓣設計成磁釦圖案，
讓開闔之間多了一分小小的趣味，可愛又吸睛。

萍聚提袋
How to make /
作法→P.92至P.94
紙型D面

OPEN

Patchwork bag

04
重聚

花開，花落，四季自有定律。
相信自己，每一個今天，都是最好的一天。

雙面使用的提袋，
在袋蓋上縫了喜歡的繡花布章，
讓包包擁有截然不同的表情。

在提把上纏繞彩色蠟蠅，
是我突發奇想的創意，
完成的效果也很棒。

萍聚化妝包
How to make /
作法→ P.95
紙型A面

22

表袋以奇異襯技法呈現出刺繡的花葉，
是我喜歡的創意作法，
初學者也可以輕鬆製作喔！

Susan's patchworks

05

知足

對於每一天，
都懷著感謝的心，
知足就會常樂。
知足常樂的人，
也都是幸運的。

SMALL WEDGE側背包

How to make /
作法→ P.96 至 P.98
紙型C面

24

SMALL WEDGE鑰匙包

How to make /
作法→P.99
紙型C面

繡色人生

人生是自己的。

以你的調色盤，

揮灑出屬於自己的色彩，

那就是最美麗的作品。

運用布料上的圖案，
我加了不同的繡法，
讓圖案變得更加生動，
是我喜歡的技巧之一。

背面設計。

繡色人生後背包

How to make /
作法→P.100 至 P.102
紙型C面

繡色人生扁包
How to make /
作法→P.103
紙型C面

28

patchwork bag

07

夢想旅程

每一次的出發，

都是背起勇氣的行囊，

勇敢去追求夢想的過程，

旅行，

是為了遇見真實的自己。

咖啡行旅後背包

How to make /

作法→P.104 至 P.106

紙型D面

咖啡行旅波奇包
How to make /
作法→P.107
紙型D面

記憶果實提袋

How to make /
作法→P.108 至 P.110
紙型A面

08

記憶果實

拾起一枚果實，
點綴在美麗記憶裡，
永保自由之心，
以青春刻下最難忘的印記。

以三片不同的布料拼接成袋面，
製造出拼盤的視覺效果，讓袋物更加活潑有型。

背面設計。

記憶果實波奇包
How to make /
作法→P.112至P.113
紙型A面

背面設計。

縫上自製的立體果實,
增加波奇包的可愛度,最適合作為手作的小禮物。

寵愛提袋
How to make /
作法→ P.114 至 P.115
紙型D面

09

幸福醞釀

為大地鋪上了，淡淡的奶茶色，

用心灌溉每一天，

心中的幸福種子，正在醞釀最美的花朵。

側身以方塊拼接呈現，

袋面則縫上手作布花，映顯袋物的優雅質感。

背面以圓形壓線裝飾，

讓袋面設計更富立體感。

寵愛圓包
How to make /
作法→P.116 至 P.117
紙型B面

同系列的圓包，小巧的造型設計，
非常適合作為居家收納小物。

玫好日常提袋
How to make /
作法→P.122至P.123
紙型A面

Patchwork bag

10 玫好日常

我喜歡玫瑰花的氣味,

那是一種專屬女人的,優雅芬芳。

為自己綻收精彩,作你的獨一無二。

玫好日常波奇包

How to make /
作法→P.111
紙型A面

11

時間之鑽

珍惜時間，善用時間。
時間是，將自己磨鍊成，
閃閃發光的鑽石的最好導師。

時間之鑽提袋
How to make /
作法→P.118 至 P.119
紙型A面

時間之鑽波奇包
How to make /
作法→P.120
紙型A面

浪漫小花園長夾
How to make /
作法→ 請參考 P.78 至 P.81
紙型B面

12
浪漫小花園

我喜歡花草，將心裡的小花園，
與喜愛的拼布結合，
細細收藏四季的幸福。

選用市售的真皮長夾，
也可以作出專屬自我的時尚配件。

袋面設計。

薰衣草長夾
How to make /
作法→P.78 至 P.81
紙型B面

收藏四季長夾

How to make /
作法→P.78至P.81
紙型B面

創意布花
How to make /
作法→P.58 至 P.63

Patchwork bag

13

己美

每一朵花都有，自己的表情，
自己的姿態，
身處在妊紫嫣紅的世界，
作自己的己美，即美。

Chapter
2

與針線相伴的美好時光

★本書所附作法説明&紙型皆為實際尺寸，製作時
　請外加0.7cm縫份。

★三合一壓線：表布＋鋪棉＋胚布三層疊合使用，
　可使壓線時白色棉絮不易被拉出。

工具介紹

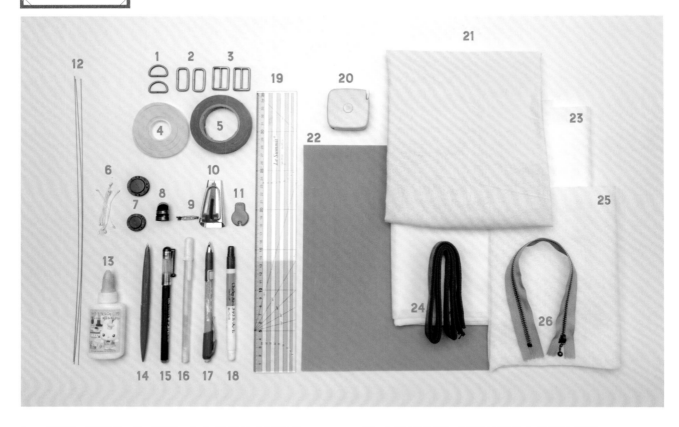

1 **D形環** 形狀像D的D形環，包包常用的金屬配件。

2 **口形環** 形狀像口的口形環，包包常用的金屬配件。

3 **日形環** 形狀像日的日形環，包包常用的金屬配件。

4 **布用雙面膠** 方便車縫拉鍊。

5 **花藝用膠帶** 能將鐵絲拈合的綠色膠帶。

6 **花藝用花芯** 製作胸花用。

7 **磁釦** 能讓袋口密合。

8 **指套** 在進行三合一壓線時套於手指上，保護手指以免受傷。

9 **胸針** 方便將花固定於袋子上。

10 **滾邊器** 輔助製作滾邊布條之用。

11 **穿線片** 方便將線穿過針的輔助工具。

12 **花藝用鐵絲＃26** 製作布花用。

13 **白膠** 製作布花用。

14 **鐵筆** 與布用複寫紙搭配使用。將圖形複印到布的正面。

15 **消失筆（水消）** 方便在布料上作記號，噴水後即可消失，需特別注意，噴水後不可急於以熨斗加熱乾燥，以免記號難以消除。

16 **白色消失筆** 適用於深色布料製作記號。

17 **墨西哥筆** 類似粉土筆，方便在布的上面畫記號。

18 **消失筆（空消）** 方便在布的上面製作記號約10分鐘會消失不見。

19 **定規尺** 能準確地描繪長度，有顏色區分可讓刻度更明顯。

20 **布尺** 長度150cm能補足一般直尺不夠用的刻度。

21 **胚布** 進行三合一壓線時，將表布＋鋪棉＋胚布疊合使用，可使壓線時百色棉絮不易被拉出。

22 **布用複寫紙** 方便將圖形複印到布的表面。

23 **紙襯** 方便描繪圖形及紙型。

24 **織帶** 方便製作提把。

25 **鋪棉** 市售鋪棉具有單膠、雙膠、無膠，可依作品的需求選擇使用。

26 **拉鍊** 市售拉鍊具有不同尺寸，依作品的不同，選擇不同的尺寸。

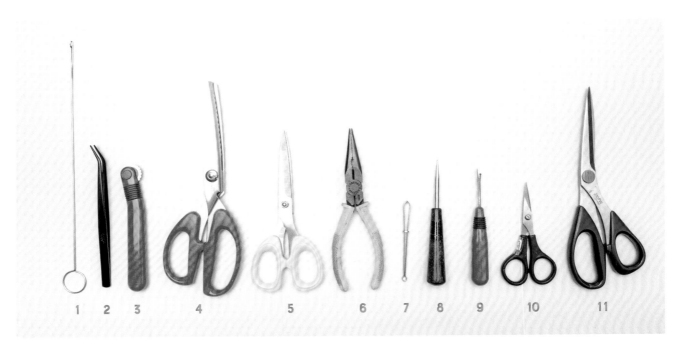

1 **返裡針**　能將背面的布輕易地翻至正面。
2 **鑷子**　能將背面的布輕易地翻至正面。
3 **點線器**　於布料的正面作壓痕的記號。
4 **鋸齒剪**　能剪出鋸齒的布料。
5 **紙剪**　製作拼布之前，建議準備一把專門
　　剪紙的剪刀。

6 **尖嘴鉗**　用於剪斷鐵絲。
7 **夾子**　能穿好織帶。
8 **錐子**　可輔助將布料的直角挑出，完成漂亮的角度。
9 **拆線器**　能輕易拆除縫線。
10 **線剪**　比布剪更小，方便修剪一般的線頭。
11 **布剪**　建議選擇較好、重量較輕的布剪。

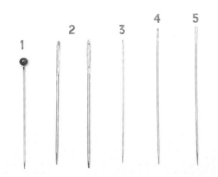

1 **珠針**　可用於布與布之間的固定。
2 **緞帶針**　製作緞帶繡用的針。
3 **貼布縫針**　製作貼布縫用的針。
4 **縫合針**　將布與布之間組合的針。
5 **疏縫針**　疏縫固定用的針。

各式布料　可依個人需求挑選使用或搭配。

■輪廓繡

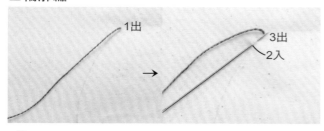 

① 1出後，針距 0.8cm 往上 0.3cm，2 入→3 出。

② 同上述作法完成所需的長度。

■緞面繡

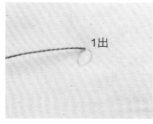  

① 先在布上畫上花形後，1 出。

② 以繡線填滿整個花形。

③ 完成圖。

■結粒繡

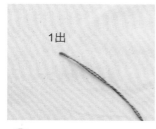   

① 1 出。

② 沿著針以線纏繞 3 至 4 圈。

③ 2 入，使形狀成為小圓。

④ 完成圖。

■雛菊繡（圓形花瓣）

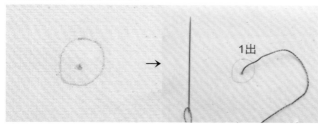 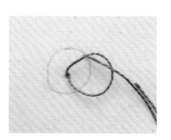

① 在布上畫好一個圓及圓心的點，從圓心處 1 出。

② 將線繞成一個圓，再從圓的邊緣出針。

■雛菊繡（葉形花瓣）

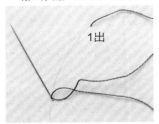

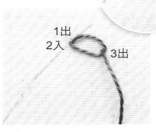

2️⃣ 在布上畫好花梗，1 出，如圖將線下方繞成一個圓。

2️⃣ 將線跨過線的外面，2 入 → 3 出。將針回到花梗中心處，4 入。

4️⃣ 依照上述方法再繡一次左邊。

5️⃣ 重複多次即完成。

■羽毛繡

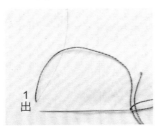

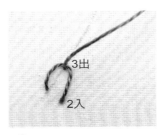

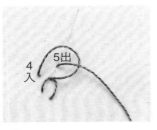

1️⃣ 畫好葉梗。

2️⃣ 由葉梗處 1 出。

3️⃣ 由葉梗右方 0.4cm 處 2 入，再於半圓處 3 出。

4️⃣ 依上述作法左邊再繡一次，4 入 → 5 出。

5️⃣ 一右一左地刺繡。

6️⃣ 重複多次即完成。

■ V 字繡

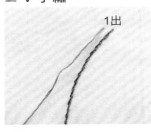

1️⃣ 先繡好輪廓繡，自左方 1 出。

2️⃣ 由針的另一個方向穿過輪廓繡重疊處。

3️⃣ 再於右方 2 入。

4️⃣ 重複刺繡即完成。

＊壓線技巧

曲線壓線
在製作作品時，曲線壓線是我經常運用的技巧，可使布表現出立體感。

布紋壓線
運用布料的設計，在上頭施以壓線，可使作品更加活潑，也讓布料的質感瞬時提昇。

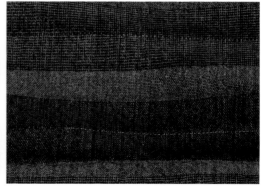

＊ 妙用奇異襯製作繡花葉片

① 將奇異襯放在圖形上，並畫好圖形。

② 將奇異襯貼在布的背面。

③ 以熨斗燙好。

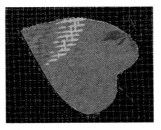

④ 沿著紙型剪下圖案。

⑤ 撕開奇異襯。

⑥ 再將布燙在主布的圖案位置上。

⑦ 在葉子上繡好輪廓繡即完成。

＊ 運用布料圖案刺繡

布的裝飾

依照布的圖案，為其刺繡，可增添圖案的動態感，使布展現栩栩如生的視覺畫面，是我很喜歡的一個技巧，推薦給愛用圖案布的您。

獨門技法 創意布花

三花瓣胸花

材料準備：花藝用膠帶、白膠、布片、花芯、花藝用鐵絲 # 26

① 依紙型剪好布花 2 片，請裁剪實際尺寸。

② 以白膠將 2 片固定。

③ 以花藝用鐵絲 # 26 放入 2 片布的中間。

④ 示範為 3 片花瓣。

⑤ 將花藝用花芯 1 根對摺。

⑥ 將花心放在 3 片花瓣的中間。

⑦ 將花藝用的膠帶拈合在鐵絲上。

⑧ 共須完成 5 朵花。

⑨ 剪好葉子 2 片。

⑩ 取其中 1 片塗上白膠。

⑪ 將花藝用的鐵絲 # 26 放在葉子中間。

⑫ 再取另 1 片放在上面。

(13) 以錐子將鐵絲的紋路刮出來。

(14) 並以錐子刮出葉子的葉脈。

(15) 完成 1 片葉子。

(16) 完成圖。

(17) 裁剪1cm、0.4cm、0.2cm的布條備用。

(18) 以 0.2cm 布條沾白膠黏於葉梗上。

(19) 在葉子下方以0.4cm布條黏合固定，完成 2 根葉子。

(20) 將 5 朵花及 2 根葉子左右交叉放置好。

(21) 中間處以1cm布條沾白膠黏合。

(22) 固定上胸針。

(23) 完成。

(24) 以錐子將所有的梗纏繞在一起。

(25) 完成圖

和風胸花

① 依紙型剪好花瓣3瓣,從花瓣的中心以錐子穿洞。

② 準備好花心3根並對摺。

材料準備:花藝用膠帶、白膠、布片、花芯、花藝用鐵絲 # 26

③ 將花心穿過花瓣的中心。

④ 再將步驟3穿過花瓣的中心,共完成3瓣。

⑤ 完成圖。

⑥ 將花藝用鐵絲 # 26 摺成拉環,套入剛剛完成的花瓣。

⑦ 在花心處塗上白膠。

⑧ 讓花心朝向內側。

⑨ 調整花的方向。

⑩ 以 0.2cm 的布條黏合在花梗上。

⑪ 完成圖。

⑫ 剪 2.5cm 圓的花苞中間穿洞以白膠黏合在花的下方。

(13) 共須完成 9 朵花。

(14) 完成 9 片葉子。

(15) 將花與葉子交叉放置。

(16) 以 1cm 的布條纏繞固定。

(17) 再將胸針固定。

(18) 完成圖。

(19) 以錐子將所有的梗纏繞。

(20) 完成圖

① 剪 1 片 4cm 圓的布，疏縫一圈。

② 放入棉花。

③ 從底下出針。

④ 作好花瓣的分配。

⑤ 在中間處完成結粒繡。

⑥ 完成 3 個。

⑦ 裁剪三角布備用（將 5cm 的正方形對剪）

⑧ 上沿的斜邊往下摺一褶。

⑨ 將布摺兩褶。

⑩ 以線縫合固定。

(11) 將下方的布修剪。

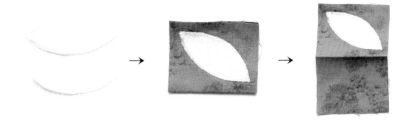
(12) 剪 2 片厚布襯。

(13) 貼在布的背面，正面相對對摺。

(14) 另一片相同作法。

(15) 修剪四周。

(16) 縫合實際尺寸。

(17) 留一個返口。

(18) 左右兩邊尖角剪掉。

(19) 由返口處以鑷子翻回正面。

(20) 將返口處縫合，即完成葉片。

(21) 再將小葉子縫合在大葉子上。

(22) 將小果實縫合在大葉子上，背面縫上胸針底座即完成。

圖案縫法

鬱金香

① 以紙襯畫好圖形。

② 剪下紙襯,將紙襯貼在布的背面。

③ 組合完成(背面圖)

④ 組合完成(正面圖)

⑤ 完成圖(背面縫份倒向圖)

圖案縫法

SMALL WEDGE

① 準備紙型。

② 將紙貼在布的背面,再組合4小組(正面圖)

③ 背面圖。

④ 再將 4 小組組合(正面圖)

⑤ 背面圖。

⑥ 組合中間的紅色布塊即完成。

玫瑰花

① 以紙襯畫好玫瑰花紙型。

② 取一塊中心布。

③ 沿著四周縫合布片。

④ 完成第 1 圈。

⑤ 完成第 2 圈。

⑥ 將四周的縫份以疏縫線往內摺縫合即完成。

積木

① 以紙襯畫好圖形。

② 剪好紙襯。

③ 將紙襯貼在布的背面。

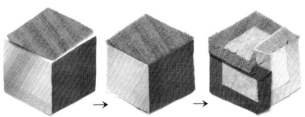

④ 放好位置。

⑤ 背面圖。

⑥ 組合完成（背面圖）

⑦ 拼接所須的尺寸。

六角花園

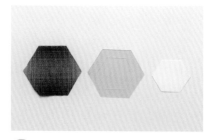

① 依紙型裁剪小布片。

② 以疏縫線將紙板縫合。

③ 縫合紙板的完成圖。

④ 縫合所需的紙板。

⑤ 分成 1 至 2 排。

⑥ 取第 1 排的第 1 片及第 2 片，以梅花線進行捲針縫，縫合一邊。

⑦ 縫合完成的正面圖。

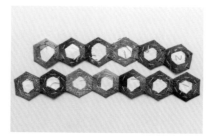

⑧ 第 1 排和第 2 排全部縫合完成（背面圖）

⑨ 再將第 1 排及第 2 排組合。

⑩ 將疏縫線拆掉。

⑪ 取出紙板。

⑫ 正面的完成圖。

貼布縫製作

貼布縫（以P.44浪漫小花園長夾示範）

① 剪下外加縫份的布。

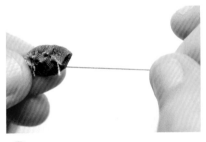

② 放入實際尺寸的紙板，疏縫四周，以熨斗燙好定型，再將紙板取出。

③ 再將布縫合在指定的位置上。

④ 沿著貼布縫的邊緣進行落針壓線即完成。

作品細節製作

萍聚提袋 —— 袋蓋

① 依紙型畫好圖案（有膠面向上）。

② 剪下紙襯。

③ 在紙襯另一面（無膠）再畫一次圖案。

④ 貼在主布的背面。

⑤ 將紙襯上的圖形以布用複寫紙複印到布的正面。

⑥ 布的正面呈現圖形。

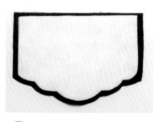

⑦ 剪好實際尺寸的鋪棉。

⑧ 表布＋鋪棉＋胚布三層疊合。

⑨ 以梅花線縫合四周（正面圖）

⑩ 以貼布縫及刺繡裝飾袋蓋表布。

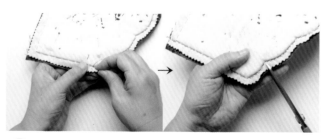

⑪ 加一片主布，正面相對縫合 U 字形，並於凹陷處剪牙口。

12 再將袋蓋縫合於前片袋身的袋口滾邊處。

13 完成袋蓋部分製作。

作品細節製作 萍聚提袋──提把

1 製作提把（在中間 12cm 處作記號）

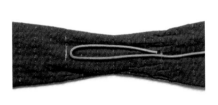

2 取日本段染蠟繩。

3 從右邊開始纏繞。

4 將中間 12cm 纏繞完成。

5 最後將繩尾以夾子夾好。

6 往回穿入纏繞好的繩子裡。

7 提把即完成。

愛之船提袋

｜原寸紙型 *B* 面・作品 ▶ P.8
＊布花作法請參考P.60。

▶ **材料準備**

前片表布	40cm x 45cm	1片	裡布	1.5尺	
後片表布	27cm x 27cm	1片	D形環布	4cm x 5cm	2片
後片口袋深色表布	26cm x 26cm	1片	D形環	2cm	2個
後片口袋淺色表布	10cm x 25cm	1片	紙襯・鋪棉・胚布	45cm x 85cm	
上側身表布	14cm x 32cm	1片	花朵用布		適量
下側身深色表布	14cm x 57cm	1片	花藝用鐵絲#26號		適量
下側身淡色表布	3cm x 14cm	2片	花藝用花芯		適量
滾邊　上側身	4cm x 32cm	2片	胸針		1個
袋身	4cm x 90cm	2片	提把		1組
			拉鍊	30cm	1條

HOW TO MAKE

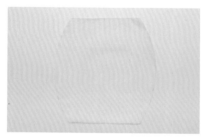

① 剪下實際尺寸的紙襯。

② 剪下外加縫份的胚布。

③ 將紙襯放於胚布正面並燙好。

④ 將紙型的記號線複印到背面，再將正面的紙襯撕掉。

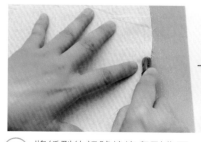

⑤ 將紙型的記號線複印到背面，再將正面的紙襯撕掉。

6 剪好實際尺寸的鋪棉，將鋪棉放在胚布正面上。

7 以鋸齒剪刀剪好前片主布，採不規則的形狀，約 30 至 40 片備用。

8 將步驟 **7** 剪下的布片疊在鋪棉上。

9 前片表布排列完成如圖。

10 以透明 L 夾放置在上面，翻至背面。

11 沿著背面胚布的記號線疏縫一圈。

12 疏縫完成如圖。

13 再翻至正面確認，若有洞隙，請以布片補滿。

  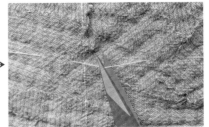

14 以疏縫線疏縫後再進行壓線，依照布紋不規則的壓線。壓線完成後，再拆掉所有的疏縫線。

(15) 剪好後片表布。

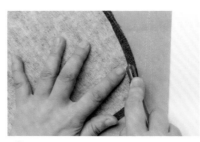

(16) 將實際尺寸的記號線複印到布的正面。

(17) 正面可看出紙襯記號線。

(18) 表布＋鋪棉＋胚布如圖疊合。

(19) 沿著正面的記號線疏縫一圈。

(20) 進行壓線。

(21) 完成後片表布的壓線。

(22) 裁剪後口袋的紙襯，並剪開上下，燙在後口袋的表布上。

(23) 組合後口袋表布。

(24) 將紙襯上的記號線複印到正面。

(25) 表布＋鋪棉＋胚布，如圖疊合。

(26) 沿著正面的記號線疏縫一圈。

(27) 進行壓線。

 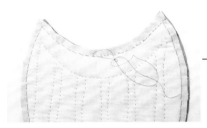 

(28) 裁剪一片後口袋裡布，正面相對。

(29) 縫合上端並剪牙口。

 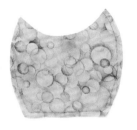 

(30) 翻至正面，四個角以珠針固定後，再從正面沿著記號線疏縫一圈。

(31) 後口袋完成。

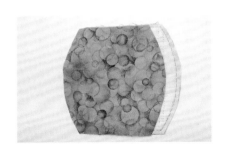  

(32) 剪一片後片裡布。

(33) 將後片表布及後片裡布背面相對疏縫。

(34) 裁剪後片裡布口袋、後片表布＋後片裡布。

(35) 後片裡布口袋＋（後片表布＋後片裡布）縫合，形成完整的後片。

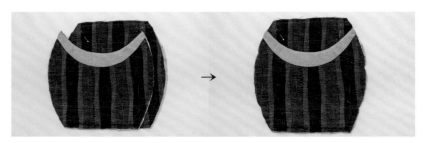

(36) 將完整的後片＋完整的後口袋進行組合，完成後片。

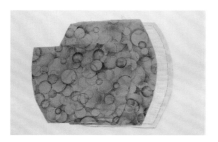

(37) 前片表布＋前片裡布＋前片口袋裡布進行組合。

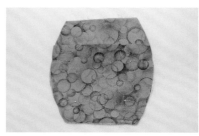

(38) 前片表布＋前片裡布＋前片口袋裡布組合，完成前片。

(39) 剪好上下側身紙襯，上側身表布＋鋪棉＋胚布進行三合一壓線。

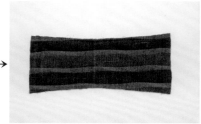

(40) 下側身亦進行三合一壓線。

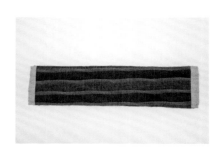

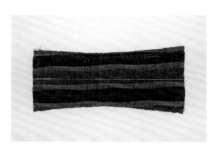

(41) 將完整的上側身＋裡布進行組合。

(42) 將完整的上側身＋裡布組合後，在中心處畫一道線。

(43) 中心線的上下0.5cm畫好線。

(44) 車縫上下0.5cm的線。

(45) 以剪刀從中心線剪開。

(46) 裁剪4cm滾邊條。

(47) 在中心處完成2條滾邊。

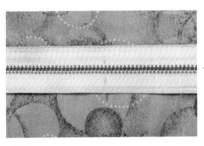
(48) 縫好拉鍊。

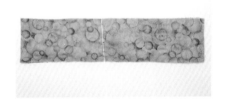
(49) 裁剪下側身表布＋下側身裡布，並進行組合。

不縫合　　　　　　不縫合
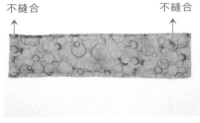
(50) 下側身表布＋下側身裡布組合完成，左右兩邊留5cm不縫，完成下側身。

(51) 上側身＋下側身的完成圖。

(52) 裁剪D形環布4cmx5cm 2片，如圖摺好備用。

 →  →

53 放入 2cm 的 D 形環 2 個。

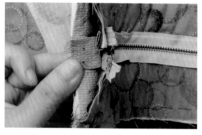

54 將 D 形環布＋D 形環放在上下側身的中間。

55 上側身＋下側身縫合固定。

56 再將下側身 5cm 未縫合處以貼布縫縫在上側身。

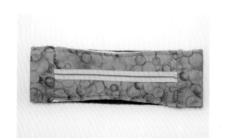

57 完成上下側身的縫合，側身即完成。

58 前片與後片的完成圖。

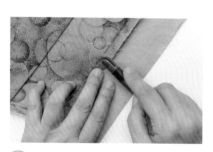

59 找出前片表布上面的中心點。

 →

60 將完成的上側身＋前片進行組合。

 →

61 再將完成的後片進行組合。

62 將四周的縫份以滾邊條進行包邊處理。

63 在中心點左右各 6cm 處縫上提把即完成。

64 作品完成。

薰衣草長夾

原寸紙型 *B* 面・作品 ▶ P.46

★材料準備

表布	22 x 22cm	1片
裡布隔間布	20x110cm	1片
側身	23x20cm	1片
裡布	22x22cm	1片
拉鍊小口袋布	15x20cm	2片
貼布縫用布		適量
滾邊	4x100cm	1片
紙襯・鋪棉・胚布	22x22cm	1片
8號繡線		適量
25號繡線		適量
拉鍊	15cm	1條
	45cm	1條
挺襯	22X100cm	1片

HOW TO MAKE

① 以紙襯畫好紙型。

② 將紙襯貼在布的背面。

③ 將圖形複印到布的正面。

④ 再組合上下表布。

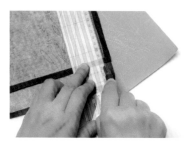

⑤ 將四周的記號線複印到正面。

⑥ 畫出壓線的曲線。

(7) 依紙襯上的記號線，以布用複寫紙畫到布的正面。將鋪棉放在紙襯上。

(8) 壓好所有的線後，再繡上所有的花。

(9) 剪 1 片裡布。

(10) 準備好夾層的材料。

(11) 將夾層布燙上挺襯。

(12) 將夾層布摺好夾層。
※ 夾層尺寸圖請參考 P.81。

(13) 完成左邊的 3 層。

(14) 以強力夾固定。

(15) 完成右邊的 3 層。

(16) 側身 2 片貼好紙襯。

(17) 上下對摺車縫左右兩邊，共完成 2 片。

(18) 翻回正面。

(19) 下方縫合。

(20) 完成 2 片。

(21) 製作夾層拉鍊式的內口袋。

(22) 拉鍊式的內口袋 2 片,正面相對,中間夾車拉鍊。

(23) 翻回正面,在拉鍊的邊緣壓一道裝飾線。

(24) 以強力夾將側身及拉鍊式的內口袋固定。

(25) 車縫記號線 0.5cm 處。

(26) 完成兩邊。

(27) 將表布及裡布組合,四周滾邊。

(28) 四周縫上拉鍊。

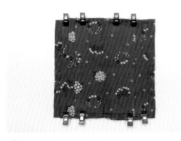

㉙ 將夾層固定，車縫夾層的中心線。

㉚ 取下強力夾以珠針固定。

㉛ 將拉鍊式的內口袋及夾層布縫合。

㉜ 再將步驟 31 縫合在表布上。

㉝ 完成。

長夾夾層尺寸圖 　　　　　　　　　　　　　　　　　　　　（已含縫份）

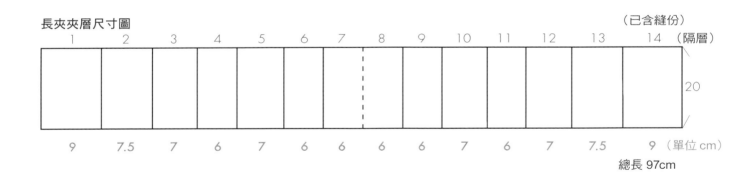

1	2	3	4	5	6	7	8	9	10	11	12	13	14	（隔層）
9	7.5	7	6	7	6	6	6	6	7	6	7	7.5	9	（單位 cm）

20

總長 97cm

愛之船化妝盒 →Page.10

原寸紙型 *B* 面

★**材料準備**

袋蓋表布	20cm×30cm	1片
袋底表布	12cm×20cm	1片
側身表布	10cm×58cm	1片
裡布	32cm×60cm	
紙襯、鋪棉、胚布	32cm×60cm	
花朵用布		適量
花藝用鐵絲	#26號	適量
花藝用花芯		適量
胸針		1個
木釦		1顆
釦絆用布	18cm	1片

HOW TO MAKE

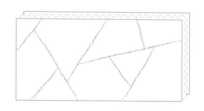

① 完成袋蓋表布，進行三合一壓線。

② 袋底表布進行三合一壓線。

③ 側身表布進行三合一壓線。

4-1

袋蓋裡布（背面）

4-2

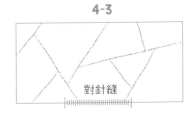

返口

4-3

對針縫

④ 剪一片袋蓋裡布，與步驟 **1** 正面相對，車縫一圈，留一個返口，由返口翻至正面，返口以對針縫縫合。

⑤ 剪一片袋底裡布，與步驟 **2** 正面相對，車縫一圈，留一個返口，由返口翻回正面，返口以對針縫縫合。
（作法與步驟 **4** 相同）

⑥ 剪一片側身裡布，與步驟 **3** 正面相對，車縫一圈，留一個返口，由返口翻回正面，返口以對針縫縫合。
（作法與步驟 **4** 相同）

⑦ 組合步驟 **4** ＋步驟 **6** ＋步驟 **5**。

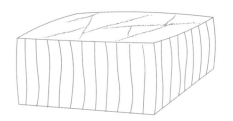

⑧ 完成花朵，縫在袋蓋中間處。
※ 布花作法請參考 P.60，
款式請依個人喜好設計。

⑨ 製作釦絆並縫好木釦即完成。

緣提袋 →Page.12

原寸紙型 B 面

★材料準備

前後片表布	26cm×26cm	2片	D形環布	4cm×4cm		2片
六角花園用布		42片	D形環	2cm		2個
後口袋	21cm×26cm	1片	紙襯、鋪棉、胚布	40cm×82cm		
紅色菱形布		適量	25號段染繡線			適量
滾邊　上側身	4cm×32cm	2片	提把			1組
後口袋	4cm×22cm	1片	六角花園紙板	16mm		42片
上側身	12cm×32cm		花藝用鐵絲	#26號		適量
下側身	12cm×48cm		花藝用花芯			適量
裡布	1.5尺		花朵用布			適量

HOW TO MAKE

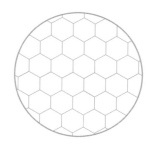

① 前片六角花園組合，備用。
※ 六角花園圖案作法請參考 P.66。

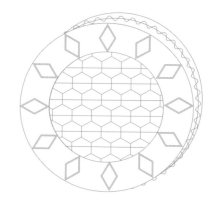

② 將步驟 **1** 放在前片表布的中心下方，沿著圓的邊邊縫上 12 個菱形，進行三合一壓線，繡好六角花園邊緣的羽毛繡。

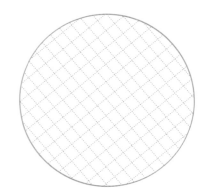

③ 後片表布完成三合一壓線。

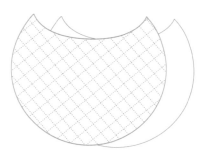

④ 後片口袋表布進行三合一壓線＋一片裡布，袋口滾邊。

84

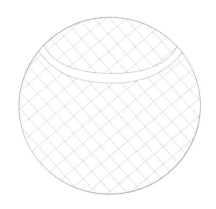

⑤ 組合步驟 **3**＋步驟 **4**。

6-1

裡布

⑥ 上側身表布進行三合一壓線＋裡布，由中間剪開，完成滾邊後縫上拉鍊，將縫份往內摺。

6-2　　　　**6-3**　　　　**6-4**　　　　**6-5**

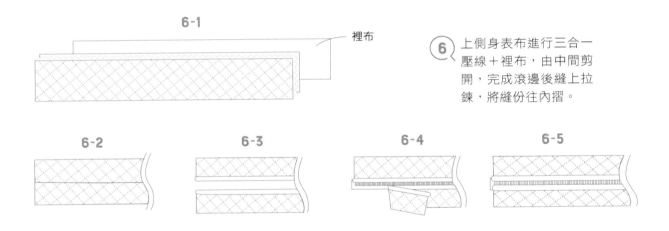

⑦ 下側身表布進行三合一壓線。

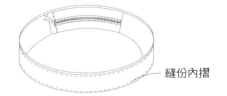

縫份內摺

⑧ 組合步驟 **6**＋步驟 **7**（請先放入 D 形環布＋D 形環），縫合下側身裡布後，將縫份內摺。

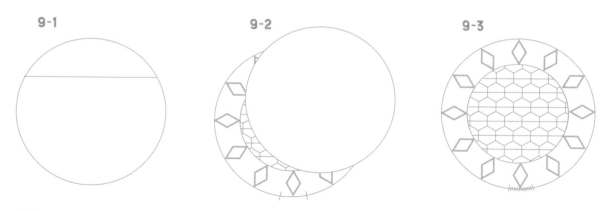

9 剪一片步驟 2 的裡布（口袋先完成），正面相對後車縫一圈，留一個返口，由返口翻回正面，
返口以對針縫縫合。

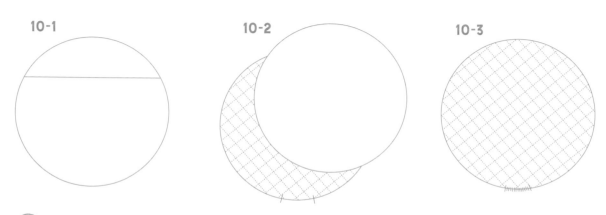

10 剪一片步驟 5 的裡布（口袋先完成），正面相對後車縫一圈，
留一個返口，由返口翻回正面，返口以對針縫縫合。

11 組合步驟 9 ＋步驟 8 ＋步驟 10，在袋身的一圈繡上羽毛繡。

12 縫上胸花。
※ 布花作法請參考 P.58，款式請依個人喜好設計。

13 縫上提把，縫合位置於上側身
中心左右各 11cm，即完成。

緣化妝包 →Page.14

原寸紙型 B 面

★材料準備

袋身表布	25cm×30cm	1片
六角花園用布		14片
裡布	25cm×30cm	
紙襯、鋪棉、胚布	25cm×30cm	
滾邊	4cm×40cm	1片
25號繡線		適量
布花用布		適量

HOW TO MAKE

1-1

1-2

1-3

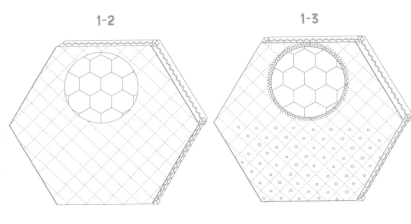

① 完成六角花園 14 片，放在袋身表布的前面，縫合後，進行三合一壓線，縫上羽毛繡及結粒繡。
※六角花園圖案作法請參考 P.66。

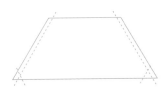

② 將步驟 **1** 上下對摺車縫左右兩邊，袋底打底，左右各 2.5cm。

③ 將裡布車縫左右兩邊，袋底打底，左右各 2.5cm。

④ 將步驟 **3** 放入步驟 **2**，背面相對，袋口滾邊，縫上拉鍊。

⑤ 完成胸花，裝飾於正前方即完成。
※布花作法請參考 P.58，款式請依個人喜好設計。

鬱金香提袋 →Page.16

原寸紙型 *C* 面

★材料準備

袋身表布	22cm×52cm	1片	拉鍊裝飾布	5cm×7cm	2片
鬱金香配色布		適量	滾邊袋口	4cm×22cm	2片
側身	12cm×20cm	2片	側身	4cm×12cm	2片
貼布縫用布		適量	袋身	4cm×54cm	2片
袋口口布	12cm×21cm	2片	蕾絲		適量
提把	6.5cm×32cm	2片	拉鍊	25cm	1條
鋪棉、紙襯、胚布	25cm×80cm				

HOW TO MAKE

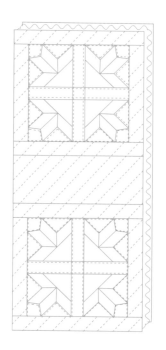

② 側身完成貼布縫，
進行三合一壓線，
共完成 2 片。

3-1　　　**3-2**　　　**3-3**

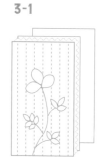  

① 組合鬱金香圖案，完成袋身後，
進行三合一壓線。
※ 鬱金香圖案作法請參考 P.64。

③ 裁剪側身裡布＋步驟 **2**，背面相對，上方滾邊，
縫好蕾絲，共完成 2 片。

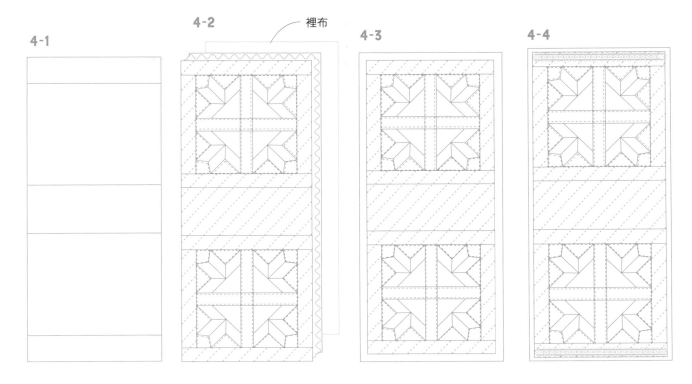

裡布

4-1

4-2

4-3

4-4

④ 裁剪袋身裡布（口袋設計先完成）＋步驟 **1**，背面相對，固定於左右兩邊，上下完成滾邊，縫合蕾絲。

⑤ 組合步驟 **3** ＋步驟 **4**，將所有縫份以滾邊條包邊處理。

⑥ 製作提把，縫在袋口中心左右各 5.5cm 處。

⑦ 完成袋口口布，縫上拉鍊，再縫上拉鍊裝飾布，並縫於袋口處，即完成。

鬱金香小盒 →Page.18

原寸紙型 *C* 面

HOW TO MAKE

★**材料準備**

袋身表布	20cm×20cm	1片
貼布縫用布		適量
袋蓋	11cm×11cm	1片
鬱金香配色布		適量
滾邊	4cm×40cm	1片
鋪棉、紙襯、胚布	20cm×35cm	
細鬆緊帶		適量
裡布	20cm×35cm	
小磁釦		1顆
8號繡線		適量

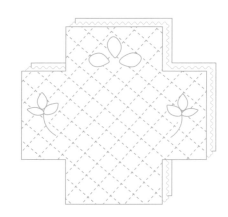

① 袋身完成貼布縫（請於三個花瓣的中間花瓣放入小磁釦），進行三合一壓線，繡好花幹。
※ 鬱金香圖案作法請參考 P.64。

2-1

2-2

裡布（背面）

2-3

2-4

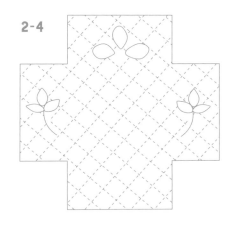

2-5

2-6

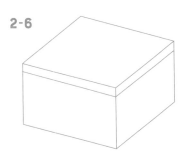

②　裁剪袋身裡布＋步驟 **1**，正面相對車縫四個角，翻回正面，四個角以對針縫縫合，四周滾邊。

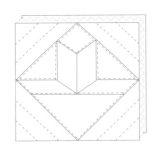

③　袋蓋完成鬱金香圖案，進行三合一壓線。

細鬆緊帶

小花瓣（內放小磁釦）

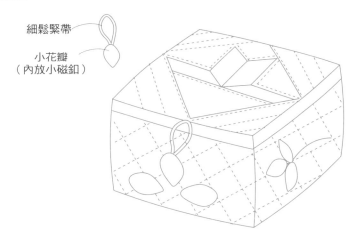

④　完成 2 片小花瓣（內放小磁釦），背面相對（放入細鬆緊帶）縫合。

5-1

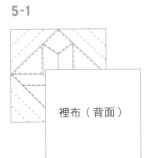

裡布（背面）

5-2

5-3

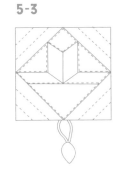

⑤　裁剪袋蓋裡布＋步驟 **3**（放入步驟 **4**），正面相對後車縫一圈，留一個返口，由返口翻回正面，返口縫合。

⑥　再將步驟 **5** 縫合於步驟 **2** 的後片滾邊上，即完成。

萍聚提袋 →Page.20

原寸紙型 *D* 面

★材料準備

袋身表布	56cm×30cm	1片		D形環	2.5cm	2個
上側身	16cm×66cm	1片		滾邊	4cm×104cm	
下側身	16cm×15cm	2片		貼布縫用布		適量
前、後袋蓋	18cm×24cm	2片		8號繡線		適量
袋口口布	14cm×24cm	2片		段染蠟繩		適量
D形環布	4cm×5cm	2片		拉鍊皮套		2個
裡布	1.5尺			拉鍊	30cm	1條
鋪棉、紙襯、胚布	50cm×90cm			市售繡片		1片

HOW TO MAKE

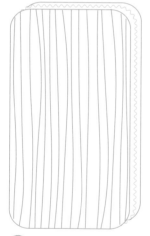

① 袋身表布進行三合一壓線。

② 前片裡布（口袋先完成設計）＋袋底裡布＋後片裡布（口袋先完成設計）。

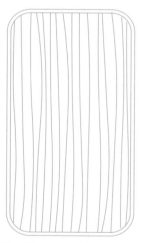

③ 將步驟 **1** ＋步驟 **2**，背面相對後四周滾邊。

4-1

4-2

4-3

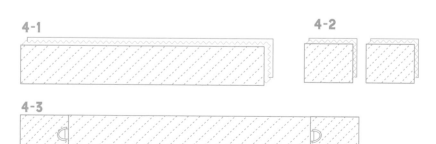

④ 上側身三合一壓線＋下側身三合一壓線（請先放入 D 形環布＋D 形環）。

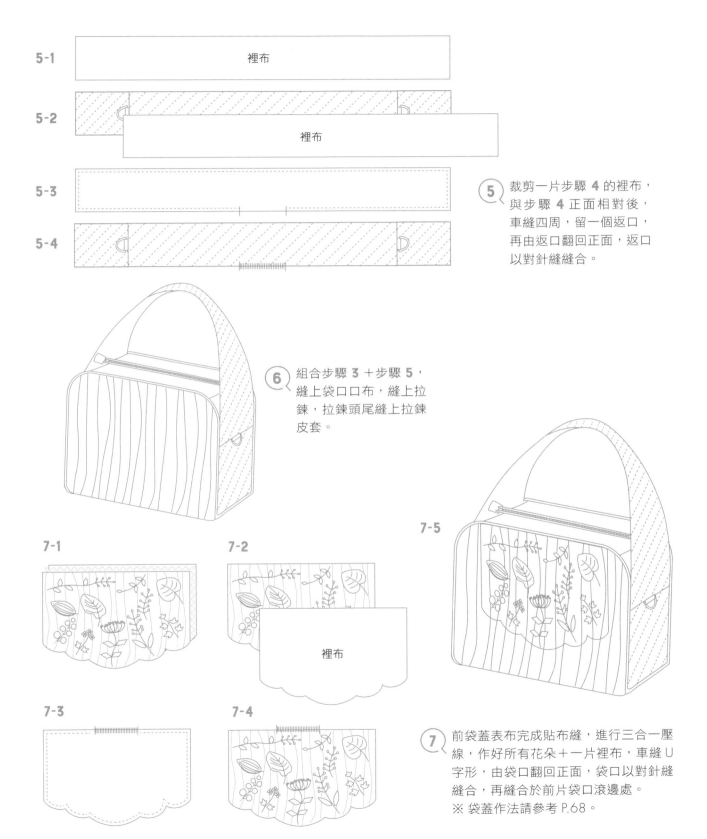

5-1 裡布

5-2 裡布

5-3

5-4

5 裁剪一片步驟 **4** 的裡布，與步驟 **4** 正面相對後，車縫四周，留一個返口，再由返口翻回正面，返口以對針縫縫合。

6 組合步驟 **3** ＋步驟 **5**，縫上袋口口布，縫上拉鍊，拉鍊頭尾縫上拉鍊皮套。

7-1

7-2 裡布

7-3

7-4

7-5

7 前袋蓋表布完成貼布縫，進行三合一壓線，作好所有花朵＋一片裡布，車縫 U 字形，由袋口翻回正面，袋口以對針縫縫合，再縫合於前片袋口滾邊處。
※ 袋蓋作法請參考 P.68。

8-1　　繡片

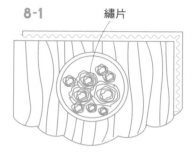

8-2

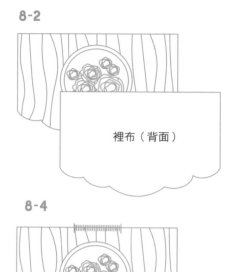

裡布（背面）

8-3

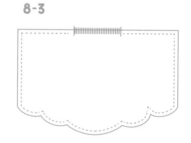

8-4

⑧ 後袋蓋表布挖空中心的圓，將繡片放在後面，
以貼布縫縫合一圈，進行三合一壓線＋一片
裡布，車縫 U 字形，由袋口翻回正面，袋口
以對針縫縫合，再縫合於後片袋口滾邊處。

段染蠟繩

⑨ 在上側身提把處，以段染蠟繩
纏繞，即完成。
※ 提把作法請參考 P.69。

萍聚化妝包 →Page.22

原寸紙型 $\mathcal{A}$ 面

材料準備

前、後片表布	15cm×21cm	2片
側身表布	7cm×38cm	1片
貼布縫用布		適量
8號繡線		適量
鋪棉、紙襯、胚布	22cm×42cm	1片
裡布	22cm×42cm	1片
拉鍊裝飾布	5cm×7cm	2片
拉鍊	8cm	1條

HOW TO MAKE

1-1

1-2

裡布（背面）

1-3

1-4

① 前片表布完成貼布縫，進行三合一壓線，繡好所有的花＋一片裡布，正面相對後，車縫U字形，由袋口翻回正面，袋口滾邊。
※ 表袋貼布縫作法請參考 P.57。

2-1

2-2

裡布（背面）

2-3

2-4

② 後片表布進行三合一壓線＋一片裡布，正面相對後，車縫U字形，由袋口翻回正面，袋口滾邊。

3-1

3-2

3-3

3-4

③ 側身表布三合一壓線＋一片裡布，正面相對後，車縫一圈，留一個返口，翻回正面，返口以對針縫縫合。

④ 組合步驟 1 ＋步驟 3 ＋步驟 2，縫上拉鍊，縫上拉鍊裝飾布，即完成。

SMALL WEDGE 側背包 →Page.24

原寸紙型 C 面

★材料準備

前、後片表布	30cm x 30cm	2片	滾邊	袋蓋	4cm x 54cm	
側身表布	12cm x 82cm	1片		前口袋	4cm x 28cm	
前口袋	25cm x 30cm	1片		後口袋	4cm x 60cm	
袋蓋配色布		適量	皮片			2片
袋蓋A布	20cm x 22cm		織帶背帶			1組
裡布	1.5尺		磁釦			1顆
後口袋配色布		適量	D形環		2.5cm	2個
鋪棉、紙襯、胚布	45cm x 100cm		D形環布			適量

HOW TO MAKE

① 前片表布進行三合一壓線。

2-1

2-2

裡布

2-3

② 前口袋表布進行三合一壓線
＋一片裡布，上方滾邊。

③ 組合步驟 **1** ＋步驟 **2**。

④ 後片表布進行
三合一壓線。

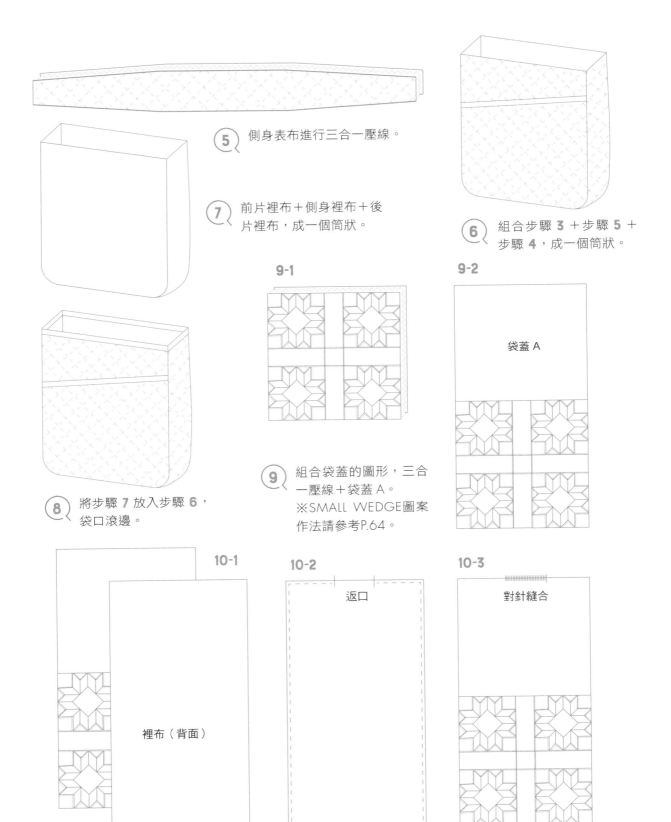

⑤ 側身表布進行三合一壓線。

⑦ 前片裡布＋側身裡布＋後片裡布，成一個筒狀。

⑥ 組合步驟 **3** ＋步驟 **5** ＋步驟 **4**，成一個筒狀。

9-1

9-2

袋蓋 A

⑨ 組合袋蓋的圖形，三合一壓線＋袋蓋 A。
※SMALL WEDGE圖案作法請參考P.64。

⑧ 將步驟 **7** 放入步驟 **6**，袋口滾邊。

10-1

裡布（背面）

10-2

返口

10-3

對針縫合

⑩ 裁剪一片步驟 **9** 的裡布，正面相對，車縫一圈，留一個返口，由返口翻回正面，返口以對針縫縫合。

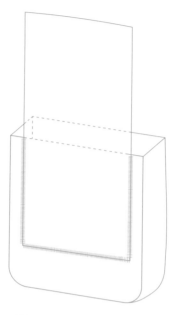

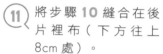

(11) 將步驟 10 縫合在後片裡布（下方往上 8cm 處）。

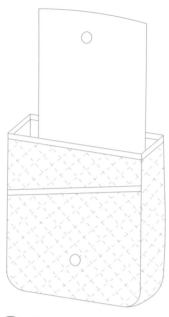

(12) 縫好磁釦（袋蓋中心上方 2cm）。

(13) 縫好側身皮片＋D形環，裝上背帶。

14-1

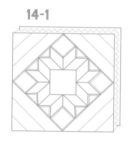

14-2

裡布

14-3

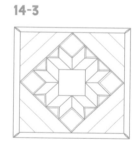

(14) 完成後口袋，三合一壓線＋一片裡布，四周滾邊，縫合於後片表布正中心處。

14-4

14-5

SMALL WEDGE 鑰匙包 →Page.25

原寸紙型 C 面

★材料準備

前片配色布		適量
後片表布	11cm x 11cm	1片
裡布	11cm x 22cm	
鋪棉、紙襯、胚布	11cm x 22cm	
花苞	5cm x 10cm	2片
葉子	7cm x 12cm	1片
段染臘繩	25cm	
O形環	2cm	1個

HOW TO MAKE

1-1 **1-2** **1-3** **1-4**

裡布

2-1 **2-2** **2-3** **2-4**

裡布

3-1 **3-2** **3-3** **3-4**

（背面）

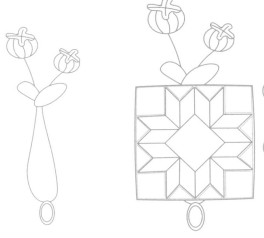

① 組合前片配色布，三合一壓線＋一片裡布，車縫一圈，留一個返口，由返口翻回正面，返口以對針縫縫合。
※SMALL WEDGE圖案作法請參考P.64。

② 後片表布，三合一壓線＋一片裡布，車縫一圈，留一個返口，由返口翻回正面，返口以對針縫縫合。

③ 完成花苞＆葉子。

④ 組合步驟 **1** ＋步驟 **2**（上方中心處留 1cm 不縫合）。

⑤ 以蠟繩穿好 O 形環，縫上花苞及葉子，即完成。

繡色人生後背包 → Page.26

原寸紙型 C 面

★ 材料準備

前片表布	22cm x 22cm	1片	D形環（側身）	2cm	2個
磚塊布	適量		（後背帶）	2.5cm	3個
貼布縫用布	適量		織帶	2.5cm x 110cm	2條
後片表布	22cm x 27cm	1片	問號鉤		4個
滾邊 上側身	4cm x 37cm	2片	皮片		4個
後口袋	4cm x 22cm	2片	拉鍊 上側身	35cm	1條
上側身表布	14cm x 37cm	1片	後口袋	20cm	1條
下側身表布	14cm x 53cm	1片	提把		1條
紙襯、鋪棉、胚布	50cm x 55cm		日形環		2個
裡布	1.5尺		口形環		2個
25號繡線		適量	織帶用布	6×110cm	2條
D形環布	4cm x 4cm	2片			

HOW TO MAKE

1-1　※ 貼布縫作法請參考 P.67。

① 組合前片下方的磚塊布＋前片上方的表布（完成貼布縫），進行三合一壓線，繡好所有的花。

1-2

1-3

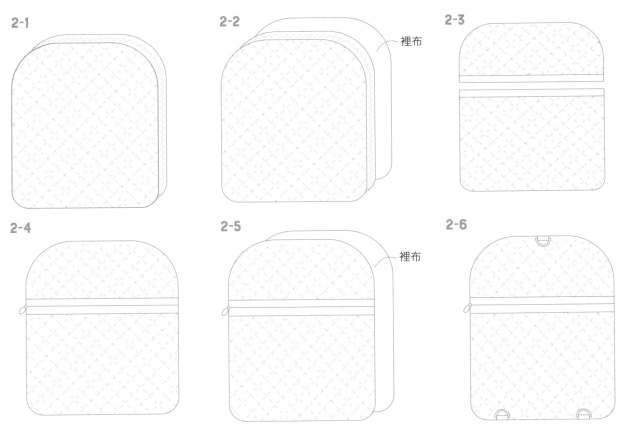

2-1

2-2
裡布

2-3

2-4

2-5
裡布

2-6

② 後片表布進行三合一壓線＋一片裡布，由記號線剪開，完成滾
　邊，縫上拉鍊，再加 1 片裡布，縫上三組 D 形環布＋ D 形環。

3-1

（口袋）

裡布

3-2

③ 裁剪前片裡布（口袋先完成設計）＋步驟 **1**，
　背面相對疊合。

4-1

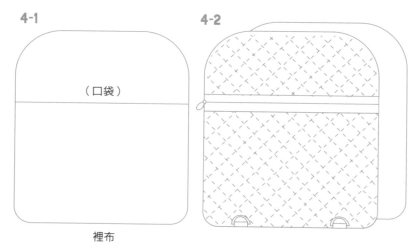

（口袋）

裡布

4-2

5-1

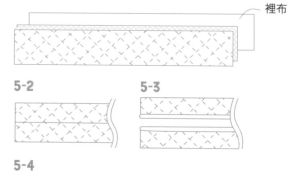

裡布

5-2

5-3

5-4

5-5

④ 裁剪後片裡布（口袋先完成設計）＋步驟 **2**，背面相對疊合。

⑤ 上側身表布進行三合一壓線＋一片裡布，由記號線剪開，完成滾邊，縫上拉鍊。

⑥ 下側身表布進行三合一壓線。

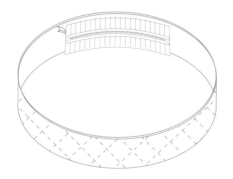

⑦ 組合步驟 **5** ＋步驟 **6**（記得放入 D 形環布＋D形環）再縫下側身裡布。

⑧ 組合步驟 **3** ＋步驟 **7** ＋步驟 **4**，所有縫份以裡布布邊進行包邊處理。

⑨ 縫上提把。

⑩ 製作背帶，即完成。

繡色人生扁包 →Page.28

原寸紙型 C 面

★**材料準備**

淡色表布	9cm x 21cm	1片
深色表布	14cm x 21cm	1片
滾邊	4cm x 21cm	2片
貼布縫用布		適量
紙襯、鋪棉、胚布	22cm x 22cm	
裡布	22cm x 22cm	
拉鍊	18cm	
25號繡線		適量

HOW TO MAKE

※ 袋面作法請參考 P.57。

1-1

1-2

1-3

淡色

深色

裡布

① 淡色表布（完成貼布縫）＋深色表布，進行三合一壓線，繡上花朵裝飾＋一片裡布。

2-1

2-2

3-1

（正面）

3-2

③ 左右兩邊的縫份以裡布進行包邊處理，即完成。

② 上下側進行滾邊，縫上拉鍊。

裡布（背面）

咖啡行旅後背包 →Page.30

原寸紙型 $\mathcal{D}$ 面

★ 材料準備

前、後片表布	27cm x 33cm	2片	滾邊　袋面	4cm x 37cm	2片
上側身表布	15cm x 37cm	1片	前口袋	4cm x 27cm	2片
下側身表布	15cm x 23cm	2片	後背帶布	9cm x 11cm	2片
袋底表布	15cm x 26cm	1片	紙襯、鋪棉、胚布	45cm x 85cm	
前口袋前片表布	20cm x 20cm	1片	後背帶D形環布	4cm x 6cm	3片
前口袋上側身表布	7cm x 27cm	1片	D形環	2.5cm	2個
前口袋下側身表布	7cm x 46cm	1片		3.5cm	3個
拉環布	4cm x 5cm	2片	皮標		1個
前口袋拉環布	4cm x 4cm	2片	提把		1個
裡布	1.5尺		織帶背帶		1組
拉鍊	25cm、35cm 各一條		PE板		1片

HOW TO MAKE

- -

① 前片表布進行三合一壓線。

② 後片表布進行三合一壓線。

3-1

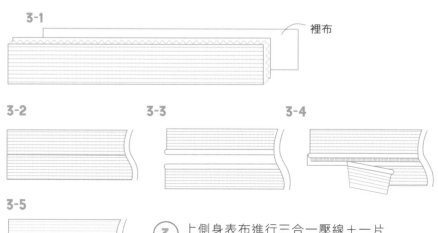

裡布

3-2　　**3-3**　　**3-4**

3-5

③ 上側身表布進行三合一壓線＋一片裡布，從中間剪開，完成滾邊後，縫上拉鍊，將縫份內摺。

④ 下側身表布進行三合一壓線。

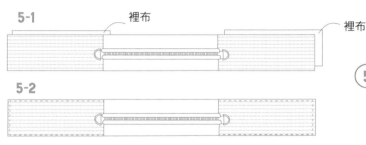

5-1

裡布

裡布

5-2

(5) 組合步驟 **3** ＋步驟 **4**（請放入 D 形環布＋ D 形環），再縫合下側身裡布，將縫份內摺。

6-1

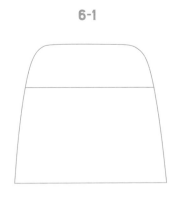

6-2

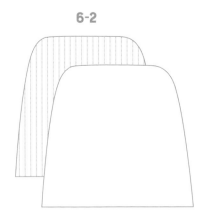

6-3

(6) 前片表布＋一片裡布（先完成口袋設計），正面相對後，車縫一圈，留一個返口，由返口翻回正面，返口以對針縫縫合。

(7) 後片表布＋一片裡布（先完成口袋設計），正面相對後，車縫一圈，留一個返口，由返口翻回正面，返口以對針縫縫合。（作法與步驟 **6** 相同）

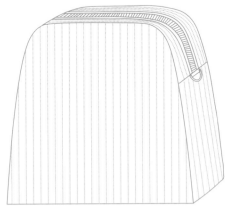

(8) 組合步驟 **6** ＋步驟 **5** ＋步驟 **7**。

(9) 前口袋前片表布進行三合一壓線。

(10) 前口袋上側身進行三合一壓線。（作法與步驟 **3-1** 相同）

(11) 前口袋下側身進行三合一壓線。（作法與步驟 **4** 相同）

12-1 **12-2**

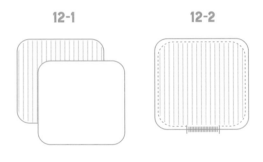

⑫ 裁步驟 **9** 的裡布，正面相對後，車縫一圈，留一個返口，由返口翻回正面，返口以對針縫縫合。

⑬ 將步驟 **10** 加一片裡布，由中間剪開，完成滾邊，縫上拉鍊，縫份內摺。（作法與步驟 **3-2** 至 **3-5** 相同）

14-1 **14-2**

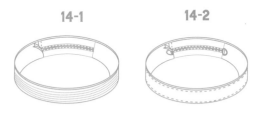

15-1

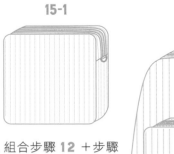

15-2

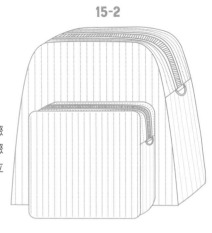

⑭ 組合步驟 **13** ＋步驟 **11**（請先放入拉環布），再縫合下側身裡布，縫份內摺。

⑮ 組合步驟 **12** ＋步驟 **14**，再固定在步驟 **8** 的前片表布的位置上。

16-1

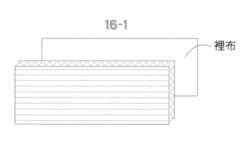

裡布

16-2

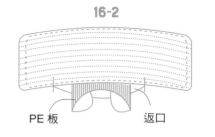

PE 板　　　返口

Susan's

⑯ 袋底進行三合一壓線＋裡布，正面相對後，車縫四周，留一個返口，自返口翻回正面，放入 PE 板（依實際尺寸內縮 1cm），返口以對針縫縫合。

⑰ 組合步驟 **15** ＋步驟 **16**。

⑱ 縫上皮標，縫上提把，裝上背帶，即完成。

咖啡行旅波奇包 →Page.31

原寸紙型 *D* 面

★ 材料準備

袋身表布	28cm x 28cm	1片	拉鍊		25cm	1條
滾邊	4cm x 27cm	2片	鋪棉、紙襯、胚布	28cm x 28cm		2片
拉環布	3cm x 4cm	2片	皮標			1個
裡布	28cm x 28cm					

HOW TO MAKE

1-1 **1-2**

1-3 縫上滾邊、拉鍊、拉環布

1-4

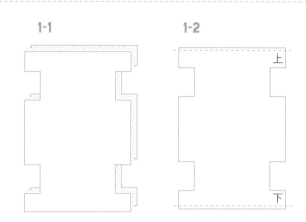

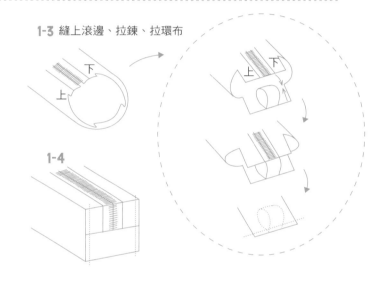

① 袋身表布，進行三合一壓線，再完成滾邊，縫上拉鍊，縫上左右兩邊的上下部分（請先放入拉環布），再將袋底打底。

2-1

2-2 **2-3**

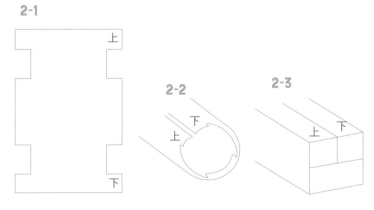

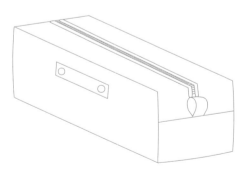

② 裡布作法與表布相同（參考步驟 **1** ）。

③ 將步驟 **2** 放入步驟 **1**，背面相對，完成貼布縫拉鍊的部分。

④ 縫上皮標，即完成。

記憶果實提袋 →Page.32

原寸紙型 *A* 面

★材料準備

前片表布		適量	紙襯、鋪棉、胚布 40cm x 55cm			
袋底表布	15cm x 22cm	1片	小裝飾物用布			適量
後片表布		適量	貼布縫布			適量
上側身表布	15cm x 34cm	1片	25號段染繡線			適量
下側身表布	9cm x 15cm	2片	8號繡線			適量
滾邊	4cm x 32c	1片	拉鍊		30cm	1條
D形環布	4cm x 4cm	2片	提把			1組
D形環	2cm	2個	裡布		1.5尺	

HOW TO MAKE

※ 貼布縫作法請參考 P.67。

1-1	1-2	1-3	1-4

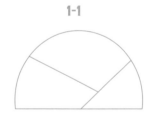 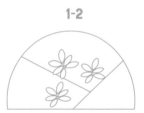  

① 組合前片表布（完成貼布縫）＋袋底表布
＋後片表布，進行三合一壓線，繡上枝幹。

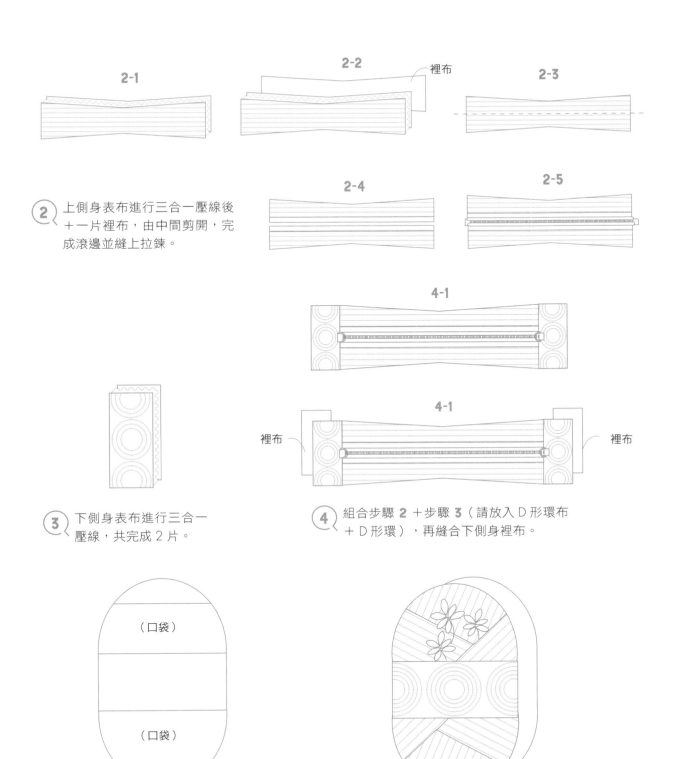

2-1

2-2

裡布

2-3

2-4

2-5

② 上側身表布進行三合一壓線後
＋一片裡布，由中間剪開，完
成滾邊並縫上拉鍊。

4-1

4-1

裡布

裡布

③ 下側身表布進行三合一
壓線，共完成 2 片。

④ 組合步驟 **2** ＋步驟 **3**（請放入 D 形環布
＋ D 形環），再縫合下側身裡布。

（口袋）

（口袋）

⑤ 前片裡布（口袋先完成設計）
＋袋底裡布＋後片裡布（口袋
先完成設計）。

⑥ 將步驟 **1** ＋步驟 **5** 背面相對縫
合。

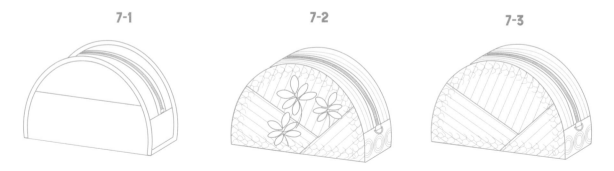

7-1   7-2   7-3

⑦ 組合步驟 **4** ＋步驟 **6**，所有縫份以裡布進行包邊處理，
在前片及後片表布邊緣繡上羽毛繡，並完成後片的羽毛繡。

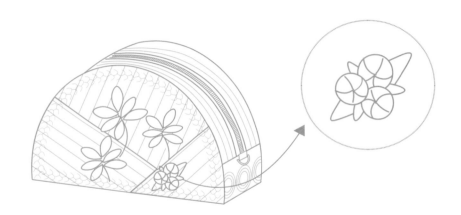

⑧ 完成小裝飾物後並縫合。

⑨ 縫上提把（下側身及上側身
交接處上方 5cm），即完成。

玫好日常波奇包 →Page.41

原寸紙型 A 面

★**材料準備**

袋身表布	20cm x 35cm	
側身玫瑰花用布		適量
滾邊	4cm x 20cm	2片
紙襯、鋪棉、胚布	35cm x 35cm	
裡布	35cm x 35cm	
拉鍊皮套		2個
拉鍊	20cm	1條

HOW TO MAKE

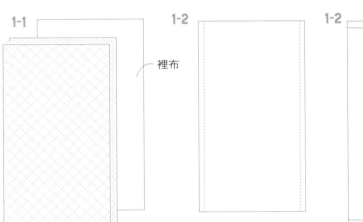 

裡布

① 袋身表布進行三合一壓線＋一片裡布，正面相對後，車縫左右兩邊，由袋口翻回正面，上下完成滾邊，縫上拉鍊，拉鍊頭尾縫上皮套。
※玫瑰花圖案作法請參考P.65。

   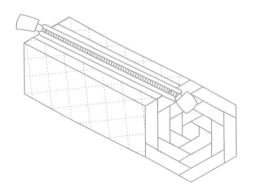

裡布

② 側身玫瑰花圖案完成組合，三合一壓線＋一片裡布，車縫一圈，留一個返口，由返口翻回正面，返口以對針縫縫合，完成 2 片。

③ 組合步驟 1 ＋步驟 2，即完成。

記憶果實波奇包 →Page.34

原寸紙型 *A* 面

★材料準備

前、後片表布	適量		小裝飾物用布			適量
側身表布	10cm x 30cm	1片	拉鍊	12cm		1條
貼布縫用布		適量	拉鍊裝飾布	5cm x 7cm		2片
滾邊	4cm x 11cm	2片	8號繡線			適量
裡布	25cm x 30cm	1片	25號繡線			適量
紙襯、鋪棉、胚布	25cm x 30cm					

HOW TO MAKE

1-1　1-2　1-3　1-4
裡布

1-5　1-6

① 組合前片表布，完成貼布縫，三合一壓線＋一片裡布，車縫 U 字形，由袋口翻回正面，袋口滾邊。
※貼布縫作法請參考P.67。

2-1　2-2　2-3
裡布

2-4　2-5

② 組合後片表布，三合一壓線＋一片裡布，車縫 U 字形，由袋口翻回正面，袋口滾邊。

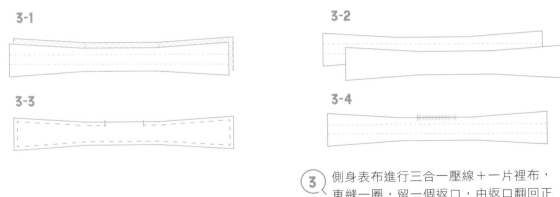

3-1

3-2

3-3

3-4

③ 側身表布進行三合一壓線＋一片裡布，車縫一圈，留一個返口，由返口翻回正面，返口以對針縫縫合。

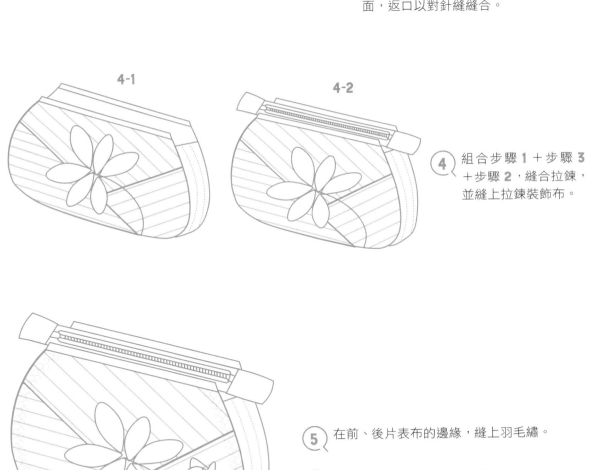

4-1

4-2

④ 組合步驟 **1** ＋步驟 **3** ＋步驟 **2**，縫合拉鍊，並縫上拉鍊裝飾布。

⑤ 在前、後片表布的邊緣，縫上羽毛繡。

⑥ 製作小裝飾物並縫上即完成。

寵愛提袋 →Page.36

原寸紙型 D 面

★材料準備

前、後片表布	20cm x 30cm	2片	紙襯、鋪棉、胚布30cm x 80cm	
側身表布	7cm x 7cm	36片	花朵用布	適量
裡布		1尺	花藝用鐵絲 #26號	適量
A 表布	6cm x 8cm	4片	花藝用花芯	適量
雙色織帶	3cm x 20cm	1條		

HOW TO MAKE

- -

① 前、後片表布進行三合一壓線。

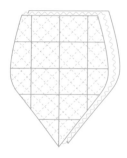

② 側身表布組合後,進行三合一壓線,共完成 2 片。

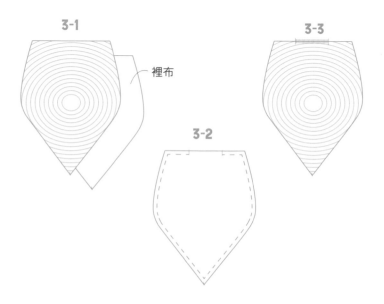

3-1

裡布

3-2

3-3

③ 前片裡布＋前片表布,正面相對,車縫一圈後,留一個返口,由返口翻回正面,返口以對針縫縫合。

④ 後片裡布＋後片表布,正面相對,車縫一圈,留一個返口,由返口翻回正面,返口以對針縫縫合。(與步驟 3 作法相同)

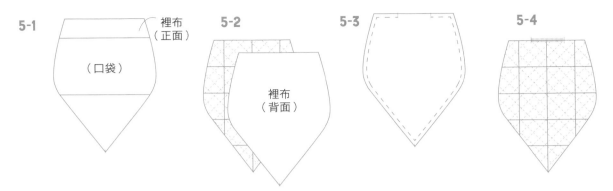

5-1 裡布（正面）

（口袋）

5-2 裡布（背面）

5-3

5-4

⑤ 側身裡布（口袋先完成設計），正面相對，車縫一圈，留一個返口，由返口翻回正面，返口以對針縫縫合，完成 2 片。

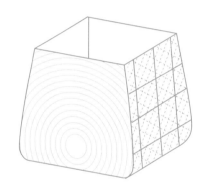

⑥ 組合步驟 **3** ＋步驟 **4** ＋步驟 **5** 成一個筒狀。

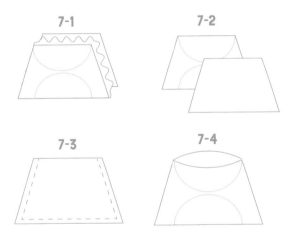

7-1

7-2

7-3

7-4

⑦ 完成 A 表布，加上雙色織帶提把，縫合於前、後片袋口的位置上。

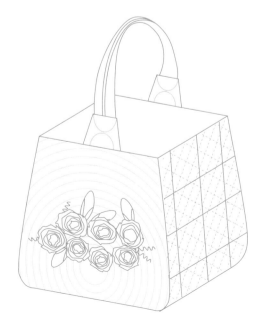

⑧ 製作花朵，縫合於前片表布的位置，即完成。

※布花作法請參考P.60，款式請依個人喜好設計。

寵愛圓包 →Page.38

原寸紙型 *B* 面

★ 材料準備

袋蓋、袋底表布	11cm x 11cm	2片	花朵用布			適量
袋身表布	7cm x 7cm	14片	花藝用鐵絲	#26號		適量
裡布	12cm x 65cm	1片	花藝用花芯			適量
滾邊	4cm x 40cm	3片	表布拉鍊襠	3cm x 5cm		1片
拉鍊	30cm	1條	裡布拉鍊襠布	3cm x 4cm		1片
紙襯、鋪棉、胚布	12cm x 65cm					

HOW TO MAKE

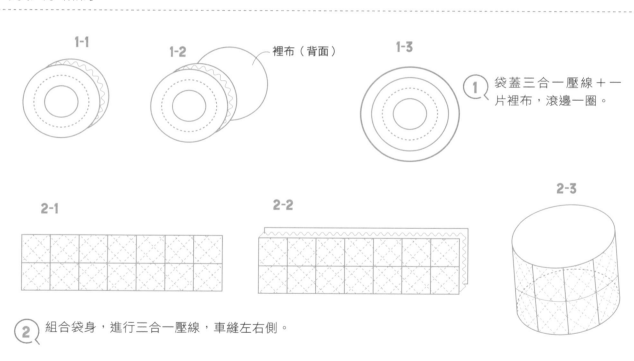

1-1

1-2 裡布（背面）

1-3

① 袋蓋三合一壓線＋一片裡布，滾邊一圈。

2-1

2-2

2-3

② 組合袋身，進行三合一壓線，車縫左右側。

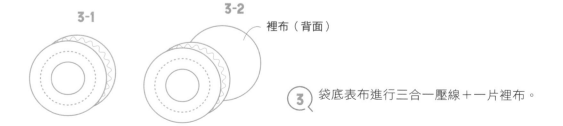

3-1

3-2 裡布（背面）

③ 袋底表布進行三合一壓線＋一片裡布。

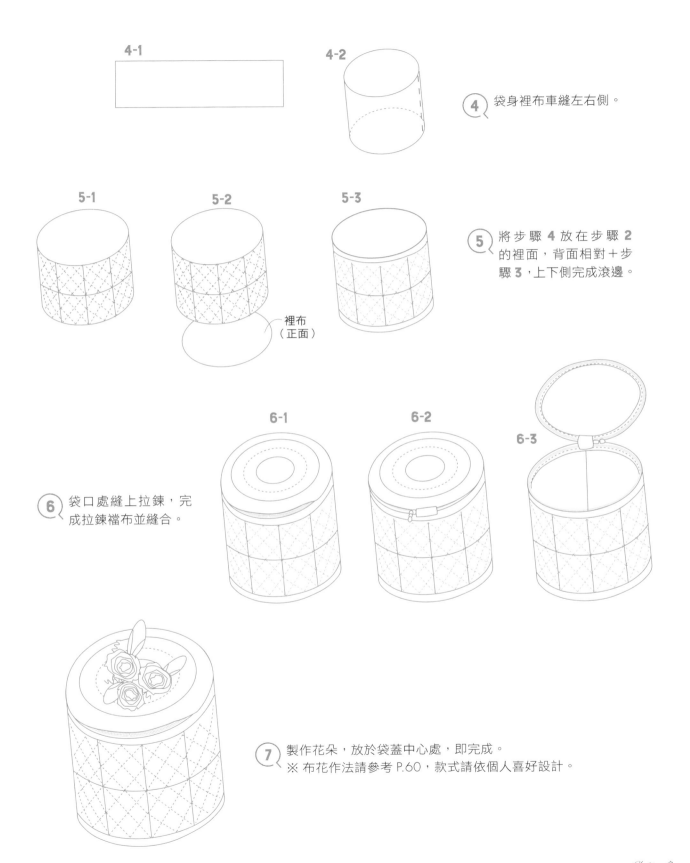

4-1

4-2

④ 袋身裡布車縫左右側。

5-1　　**5-2**　　**5-3**

裡布
（正面）

⑤ 將步驟 **4** 放在步驟 **2** 的裡面，背面相對＋步驟 **3**，上下側完成滾邊。

6-1　　**6-2**　　**6-3**

⑥ 袋口處縫上拉鍊，完成拉鍊襠布並縫合。

⑦ 製作花朵，放於袋蓋中心處，即完成。
※ 布花作法請參考 P.60，款式請依個人喜好設計。

時間之鑽提袋 → Page.42

原寸紙型 *A* 面

★**材料準備**

前、後片表布	25cm x 33cm	2片	紙襯、鋪棉、胚布50cm x 87cm		
前口袋表布	6cm x 6cm	13片	裡布	1.5尺	
側身表布	14cm x 74cm	1片	提把釦絆	4cm x 20cm	4片
袋蓋配色布		適量	提把		1組
滾邊　袋口	4cm x 65cm	1片	木珠		8顆
前口袋	4cm x 28cm	1片			

HOW TO MAKE

1-1　　　　　1-2

① 前片表布進行三合一壓線。

② 前口袋組合＋一片裡布，上方滾邊。

③ 組合步驟 **1** ＋步驟 **2**。

④ 後片表布進行三合一壓線。

⑤ 側身表布進行三合一壓線。

6 組合步驟 **3** ＋步驟 **5**
＋步驟 **4**。

7-1 前片裡布（與步驟 **7 - 3** 後片裡布作法相同）

裡布

口袋

7-2 側身裡布

7-4

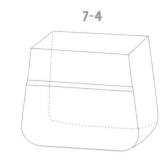

7 前片裡布（口袋先完成設計）＋側身裡
布＋後片裡布（口袋先完成設計）。

8 將步驟 **7** 放入步驟 **6**，
袋口完成滾邊。

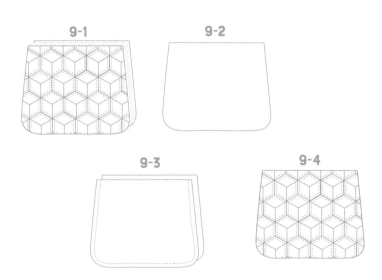

9-1

9-2

9-3

9-4

9 袋蓋組合，進行三合一壓線＋一片裡布，正面相對，
車縫 U 字形，由袋口翻回正面，袋口以對針縫縫合，
再縫合於前片滾邊處。

10 完成提把釦絆 **4** 片，縫上提
把（中心左右各 6cm 處），
即完成。

時間之鑽波奇包 → Page.43

原寸紙型 A 面

★材料準備

前、後片配色布		適量
上側身	6cm x 20cm（實際尺寸4cm x 18cm）	
下側身	6cm x 24cm（實際尺寸4cm x 22cm）	
裡布	22cm x 45cm	
紙襯、鋪棉、胚布	22cm x 45cm	
D形環布	3cm x 3cm	2片
D形環	1.2cm	2個
滾邊　上側身	4cm x 20cm	2片
側身	4cm x 42cm	2片
拉鍊	18cm	1條

HOW TO MAKE

1-1

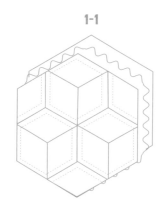

1-2

裡布

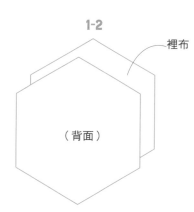

（背面）

1-3

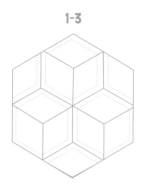

①　前片表布組合完成，進行三合一壓線＋一片裡布，正面相對後，車縫一圈，留一個返口，由返口翻回正面，返口以對針縫縫合，共完成 2 片。

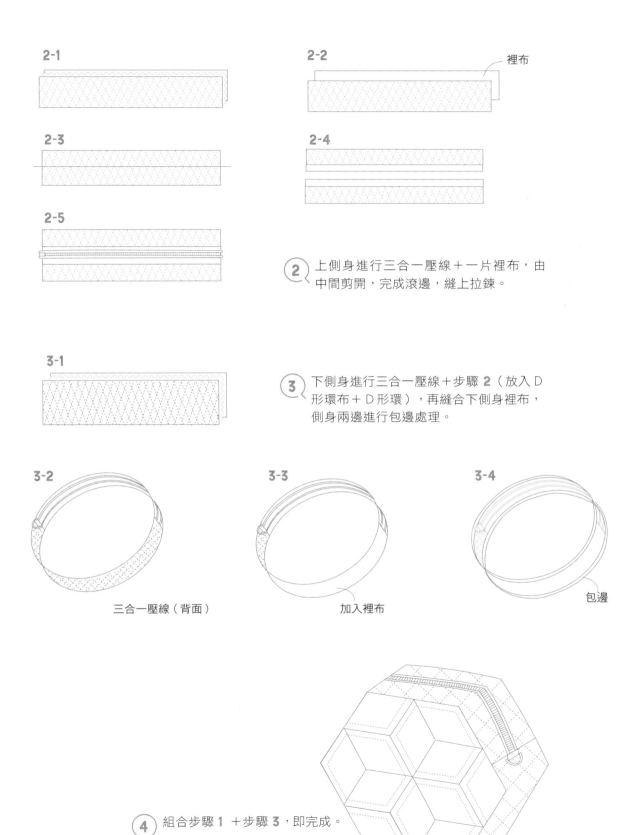

2-1

2-2

裡布

2-3

2-4

2-5

② 上側身進行三合一壓線＋一片裡布，由中間剪開，完成滾邊，縫上拉鍊。

3-1

③ 下側身進行三合一壓線＋步驟 **2**（放入 D 形環布＋D 形環），再縫合下側身裡布，側身兩邊進行包邊處理。

3-2

三合一壓線（背面）

3-3

加入裡布

3-4

包邊

④ 組合步驟 **1** ＋步驟 **3**，即完成。

玫好日常提袋 → Page.40

原寸紙型 A 面

★材料準備

袋身表布	30cm x 68cm	1片
側身表布	14cm x 17cm	2片
袋口口布	12cm x 28cm	2片
玫瑰花用布		適量
裡布	1.5尺	
紙襯、鋪棉、胚布	30cm x 85cm	
拉鍊皮套		2個
拉鍊	35cm	1條

HOW TO MAKE

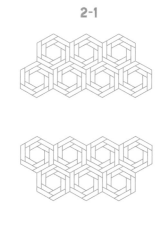

2-1

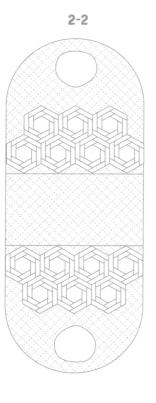

2-2

① 袋身表布進行三合一壓線。

② 製作 14 片玫瑰花圖案，前片、後片各 7 朵，縫合於袋面。
※玫瑰花圖案作法請參考P.65。

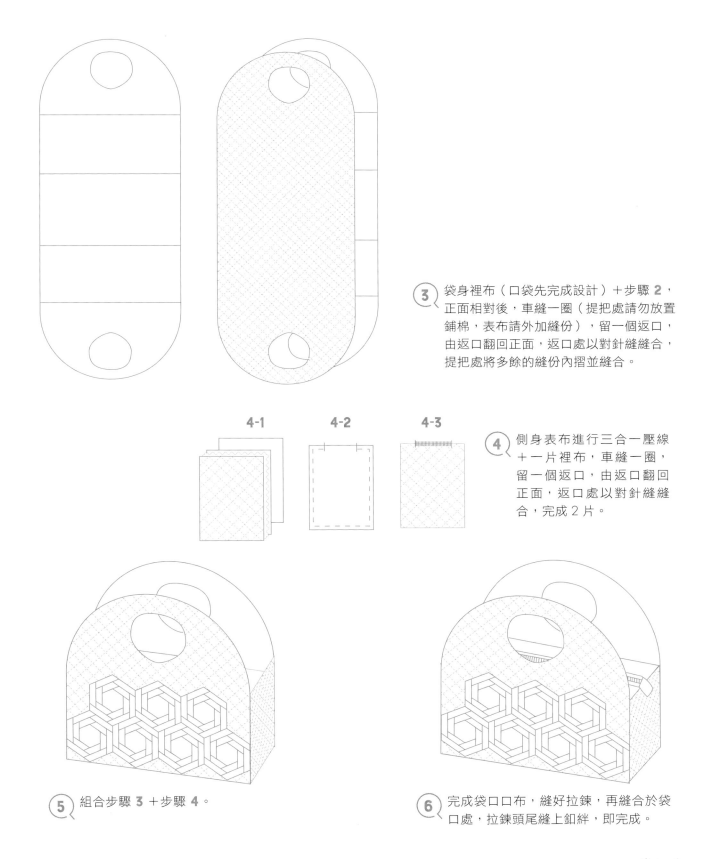

3 袋身裡布（口袋先完成設計）＋步驟 **2**，
正面相對後，車縫一圈（提把處請勿放置
鋪棉，表布請外加縫份），留一個返口，
由返口翻回正面，返口處以對針縫縫合，
提把處將多餘的縫份內摺並縫合。

4-1   **4-2**   **4-3**

4 側身表布進行三合一壓線
＋一片裡布，車縫一圈，
留一個返口，由返口翻回
正面，返口處以對針縫縫
合，完成 **2** 片。

5 組合步驟 **3** ＋步驟 **4**。

6 完成袋口口布，縫好拉鍊，再縫合於袋
口處，拉鍊頭尾縫上釦絆，即完成。

拼布 GARDEN 14

Susan`s patchworks

秀惠老師の
質感好色手縫拼布包

作　　　　者／周秀惠
發　行　　人／詹慶和
總　編　　輯／蔡麗玲
執　行　編　輯／黃璟安
作　法　繪　圖／許伊婷
編　　　　輯／蔡毓玲・劉蕙寧・陳姿伶・陳昕儀
執　行　美　編／陳麗娜・韓欣恬
美　術　編　輯／周盈汝
攝　　　　影／數位美學　賴光煜
紙　　　　型／造極
出　版　　者／雅書堂文化事業有限公司
發　行　　者／雅書堂文化事業有限公司
郵政劃撥帳號／18225950
戶　　　　名／雅書堂文化事業有限公司
地　　　　址／新北市板橋區板新路 206 號 3 樓
電　　　　話／(02)8952-4078
傳　　　　真／(02)8952-4084
網　　　　址／www.elegantbooks.com.tw
電　子　信　箱／elegant.books@msa.hinet.net

2019 年 12 月初版一刷　定價 580 元

國家圖書館出版品預行編目資料

秀惠老師的質感好色手縫拼布包 / 周秀惠著.
-- 初版 . -- 新北市 : 雅書堂文化 , 2019.12
　面；　公分 . -- (拼布 Garden；14)
ISBN 978-986-302-519-1(平裝)

1. 拼布藝術 2. 手工藝

426.7　　　　　　　　　　108017957

經銷／易可數位行銷股份有限公司
地址／新北市新店區寶橋路 235 巷 6 弄 3 號 5 樓
電話／（02）8911-0825
傳真／（02）8911-0801

版權所有・翻印必究

（未經同意，不得將本書之全部或部分內容使用刊載）

本書如有缺頁，請寄回本公司更換

〈光喬秀惠時尚包證書班〉
熱烈招生中！

欲購買本書材料包
請洽詢秀惠老師的 Facebook
f 臉書搜尋「周秀惠」